图书在版编目（CIP）数据

脑袋里有什么？：关于大脑的有趣知识/（瑞典）
安娜·汉松著；（瑞典）玛丽亚·安德松·屈瑟炎绘；
徐昕译 .—— 北京：科学普及出版社，2025. 1.—— ISBN
978-7-110-10896-3

Ⅰ . Q954.5-49
中国国家版本馆 CIP 数据核字第 2024JX3737 号

I huvudet på dig!
Text © Anna Hansson, 2022
Illustrations © Maria Andersson Keusseyan, 2022
Utgiven av Rabén & Sjögren, Stockholm, 2022
Published in agreement with Koja Agency

北京市版权局著作权合同登记　图字：01-2024-5657

策划编辑：李世梅　倪婧婧	封面设计：赵　欣
责任编辑：李文巧	责任校对：焦　宁
版式设计：蚂蚁文化	责任印制：李晓霖

出版：科学普及出版社	邮编：100081
发行：中国科学技术出版社有限公司	发行电话：010-62173865
地址：北京市海淀区中关村南大街 16 号	传真：010-62173081
网址：http://www.cspbooks.com.cn	

开本：889 mm × 1194 mm　1/16	
印张：4	字数：60 千字
版次：2025 年 1 月第 1 版	印次：2025 年 1 月第 1 次印刷
印刷：北京博海升彩色印刷有限公司	

书号：ISBN 978-7-110-10896-3 / Q·307	定价：68.00元

[瑞典]安娜·汉松 著　　[瑞典]玛丽亚·安德松·屈瑟炎 绘　　徐昕 译

脑袋里有什么？

关于大脑的有趣知识

科学普及出版社

·北　京·

你的脑袋里有什么呢？也许你会说，脑袋里有个大脑！可你知道吗，你的整个身体都受大脑的控制。大脑让你在吃东西的时候感受食物的味道，让你在受伤的时候感到疼痛，并且告诉你什么时候该上厕所，什么时候该喝水或是该睡觉了。

你知道吗?

　　如果没有大脑，你的生命也就不复存在了。大脑是你身体里最重要的器官，它很脆弱，脆弱到要靠三层脑膜和一种叫作脑脊髓液（真是一个复杂的词，用很快的速度把它读上三遍！）的液体，以及你的颅骨来加以保护。摸摸自己的脑袋，并轻轻地敲敲它，你会发现颅骨有多么坚硬。你就会明白这里面的东西很重要，必须好好保护起来。

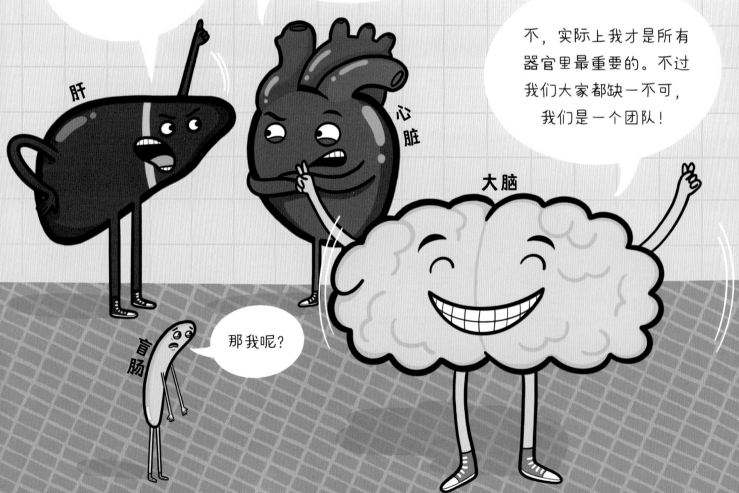

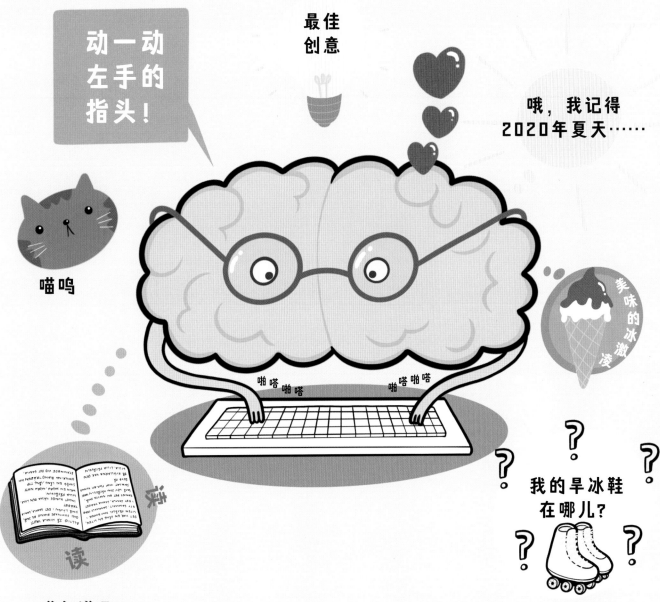

你知道吗？

无论你是醒着还是睡着了，你的大脑都在日夜不停地工作。大脑真的全年无休，大脑必须时刻关注你的身体，因为它控制着跟你的想法和你的身体有关的所有事情。你也许会以为某些事情是你自己可以控制的，可事实是，大脑始终都参与其中。此刻，如果你想要动一动食指，你的这个想法首先会来到大脑，随后大脑把"请你动一动"的信号传输到你的食指上。大脑知道你的所有想法和感受，大脑就是你的个性，你的大脑就是你！

你的思想

你的思想是在大脑里形成的，大脑里每天都有成千上万个想法，这意味着它无时无刻不在思考。你想的事情，绝大多数都跟你昨天、前天、大前天想的事情是一样的。

我真的
不想吃热狗。

过生日的时候
我想收到的礼物是一条蛇！

2×8=16
6×8=48   7×8=56
0×8=0   1×8=8   3×8=24
8的乘法表
4×8=32   10×8=80   8×8=64
5×8=40   9×8=72

你今天想到了什么？
这是一个全新的想法，
还是你昨天也想过？

　　白日梦也是一种想法。有时候你会从手头正在做的事情中游离出来,休息一会儿。比如你正在搭建一座巨大的乐高城堡,也许你搭到一半就会停下来,幻想一下它完工后会是什么样子。

　　如果你感到冷,你可以想象夏天到来的日子;如果你觉得太热了,你也许会幻想冬天和下雪的情景。

　　喜欢做白日梦的人富有想象力和创造力,有时候天马行空地乱想一番,问题就可能得到了解决。

梦和噩梦

睡觉的时候，你的大脑将有机会清理一天当中所有事情的痕迹，为新的一天做准备。其中一部分清理工作有时会导致做梦。

梦是在大脑搬运记忆的过程中产生的。大脑会把记忆从一个只能短暂保留的地方，搬运到大脑里另一个能长期储存记忆的地方，从短期记忆到长期记忆。

你会经常做噩梦吗？

你平时睡觉会做梦吗？其实所有人都会做梦，可并不是每个人醒来时都能记得所做的梦，通常我们一个晚上会做好几个不同的梦，但我们只能记住苏醒时当下所做的那个梦。

梦里出现的每一个人，不论是在普通的梦里还是在噩梦里，你都见过，可能是现实生活中你很熟悉的人，也可能是你在电视里见过的人，你的大脑是不会想象出新的人来的。

噩梦是让你感到恐惧、害怕的梦。你的噩梦，可能取决于你眼下在害怕什么。如果你害怕老鼠，你的噩梦可能就梦到老鼠；如果你害怕蜗牛，蜗牛就可能会成为你噩梦里的主角。

关于大脑的小知识

- 大脑其实是感觉不到疼痛的，但它会接收来自全身的痛感。

此时此刻，你右脚的小脚趾痛得厉害。

- 你吃下去的食物所产生的能量，有五分之一都用在了保持大脑的运转上。

- 一个成年人的大脑重量约为 1.5 千克。

- 大脑的主要成分是水，约占到了大脑四分之三的容量。

- 大脑里约有1000亿个神经细胞。

- 女孩的大脑会在11—12岁左右长到最大；男孩会在14—15岁左右长到最大。此后，大脑会继续发育和成熟，直至20多岁。

- 随着年龄的增长，大脑会逐年、缓慢萎缩，随之产生的是要想记住名字和日期等事情就变得越来越困难。

大脑的结构

人脑器官（广义的大脑）由大脑（狭义的大脑）和小脑构成。小脑自然是人脑较小的那部分，约占人脑的十分之一。它位于头的颅后窝，负责保持身体平衡，保证你能正常活动。它的任务是通过调动恰当的肌肉帮你完成各种动作。

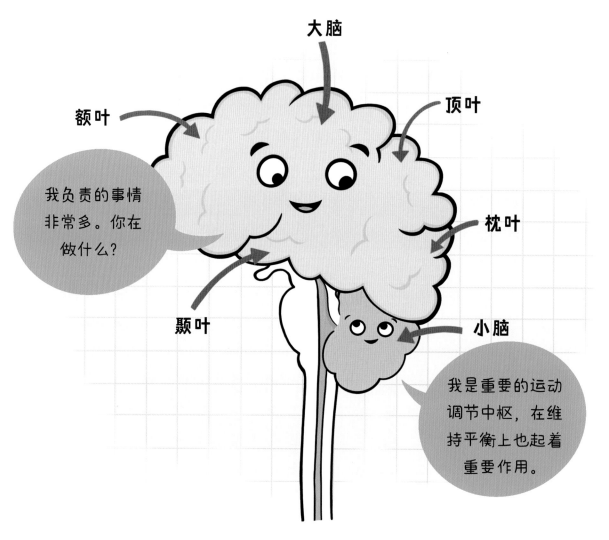

大脑占据了人脑中 90% 的空间，它由左半脑和右半脑组成，每个半脑又可分为四个脑叶：额叶、枕叶、颞 (niè) 叶和顶叶。

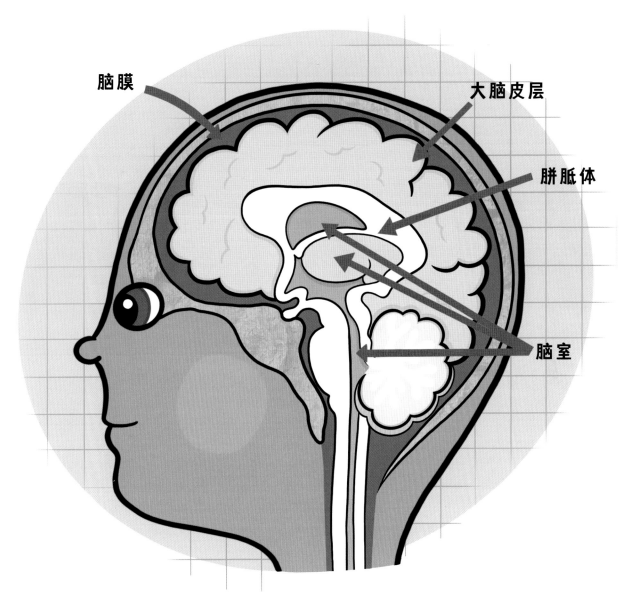

脑膜

大脑皮层

胼胝体

脑室

大脑外面的部分叫大脑皮层。大脑中还有一个叫胼 (pián) 胝 (zhī) 体的部分，它是位于左右半脑间的神经纤维束。通过胼胝体，两个半球可以互相传递信号，一起工作。

人脑中有四个脑室，它们当中含有保护脑部的减震剂。除此之外，脑部还受三层脑膜的保护，最外面那层叫硬脑膜，是三层中最硬的一层；接着是蛛网膜，它薄得像蜘蛛网一样，因而有了这个有趣的名字；最里面的是软脑膜，是脑膜中最软的一层。

大脑管控什么?

大脑的管控方式是全自动的，也就是说，你无须去思考要做些什么，大脑就会自动为你工作。

右半脑控制身体的左半部分，左半脑控制身体的右半部分。当你使用语言的时候——比如当你说话或者听别人说话的时候，这时是左半脑在工作。当你画画或者进行其他形式的创作活动时，是右半脑在工作。

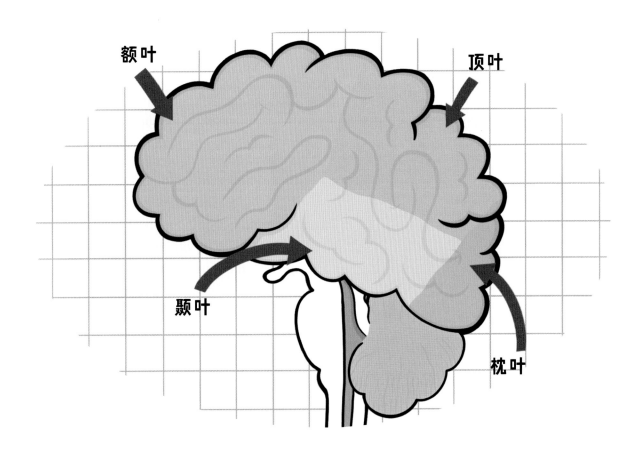

额叶

额叶有很多任务，比如它会帮助你做计划、做出重要决定。不过在儿童时期，甚至在你十几岁的时候，它还没有发育完全，所以我们可能会做出一些成年人不会做的事情。额叶同时也负责着那些你可以自主控制的肌肉，就像是你胳膊和大腿上的肌肉，但不负责你的心脏或肠道里的肌肉。

顶叶

顶叶负责你的触觉，并且收集有关温度的信息，也就是让你产生对冷热的感知，它还能让你感到疼痛。顶叶里还包含味觉和嗅觉中心。

颞叶

颞叶这里有你的听觉中心，它接收你所听到的声音，并将其存储到你的记忆中。如果你听到一首熟悉的歌曲，那就是你的颞叶（颞叶左右两侧各有一个）起作用了！颞叶负责把你看到的东西储存到你的记忆中。

枕叶

枕叶是所有脑叶里最小的一个，这里有视觉中心，用来接收你看到的信息。

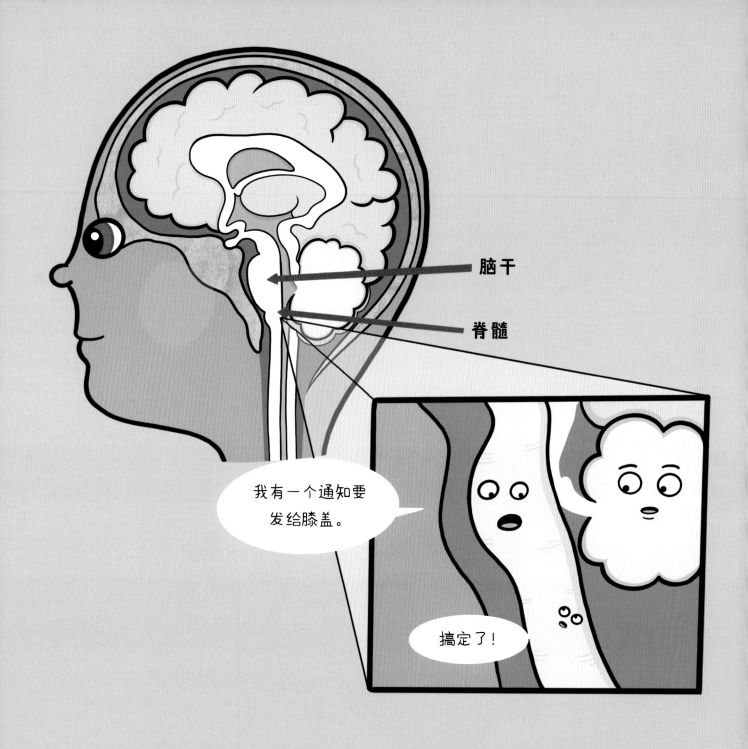

脑干将脊髓和脑的各部分连接起来，让大脑的信号传输给相应的身体部位。

脑干还调节着那些你无法按照自己的意愿来控制的事情，比如血压和脉搏、体温、消化和血液循环。

脑干负责你的呼吸和吞咽，还负责打喷嚏——如果有必要的话！

脑干同样还控制着你的睡眠，当你累了它会发出让你上床睡觉的信号，当你睡完觉要醒来时它也会发出信号。

什么是感官？

大脑的任务之一是解读周围的环境。人类拥有五种感官，可以帮助大脑完成这项任务，每一种感官都在为我们解读周围世界提供着信息。

视觉

视觉让你看到周围的事物。

触觉

触觉使你产生诸如温暖、寒冷、疼痛等感觉。

嗅觉

嗅觉使你能够感受到气味——从美妙的香气到令人作呕的臭气。

听觉

听觉让你能够听到周围的声音。

味觉

味觉让你感受到你所吃到的食物是什么味道：是咸的薯片、酸的糖，还是腐烂的鱼（臭腌鱼！）。

想象一下，如果你必须舍弃这五种感官中的一种，你会选择哪一种呢？为什么？

除了这五种可以告诉你周围情况的感官，还有另外的感觉系统在发挥作用。有时候它们会被一起提及，称为平衡功能与本体感觉，有时候则被分开来说：平衡觉和本体觉。

它们的任务不是告诉你你周围有什么，而是告诉你你在什么地方、你在做什么，你是站着、坐着还是躺下的。当你用右腿单脚站立时，它会告诉你是否需要往左边倾斜一点以免摔倒；在你爬到栅栏上"走钢丝"时，会告诉你是否需要张开双臂来保持平衡。

平衡觉

平衡觉自然跟保持身体平衡有关，也就是说，它能让你单腿站立或者走钢丝。

平衡感官位于内耳中。它是由三个半规管和两个带有平衡结晶体的膜囊构成。它们一起收集身体的位置信息——也就是你是站着、坐着还是躺着的，还是进行了怎样的活动，然后将这些信息传递给你的大脑。

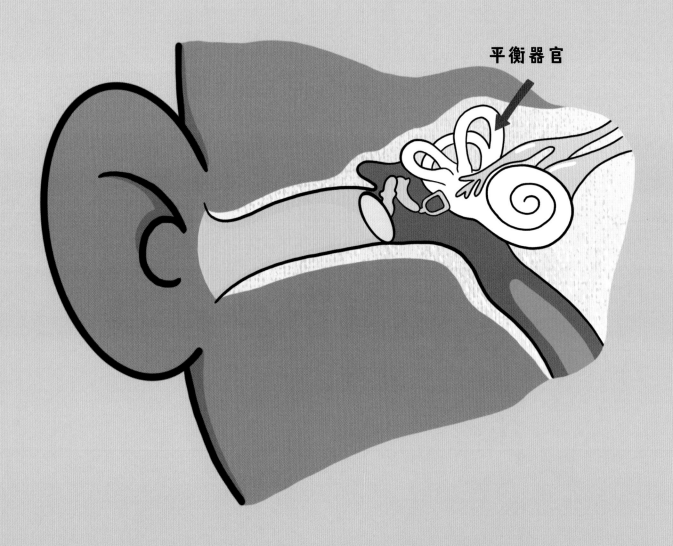

平衡器官

小测试

闭上眼睛，试着用一条腿站立。这种情况下要保持平衡是不是比你睁着眼睛时更难？这是因为视觉也是平衡觉的一部分。平衡性会受到视觉，也就是受你看到的东西的影响。你会关注你所处的环境是什么样子的，以及你走的路面是不是平整。

你晕车吗？

晕车这事其实也跟你的平衡觉有关。想象一下你在坐汽车或者火车，这时平衡感官感觉到你的身体是坐在那里保持不动的，它们会将这个信息传递给你的大脑。但与此同时，你的眼睛看见你正飞快地向前移动，车窗外的一切都在快速闪过。你的视觉感官同时也将这个信息传递给你的大脑。于是，大脑里就出现冲突了：你究竟是正去往某处呢，还是安安静静地坐在那里？此时大脑会很混乱，你也会感到头晕目眩，开始恶心起来。

本体觉

本体觉可以从身体的多个部位（比如肌肉、关节和皮肤）收集信息，不断地感知身体的位置和动作。本体觉能感知你是不是在单腿站立，是不是张着嘴，以及你的手在做什么。也就是说大脑始终密切关注着你的动作，你是骗不了它的！

你知道被人挠痒痒是什么感觉吧？即使你不觉得很痒，但你还是会笑，这纯粹出于一种条件反射。现在来尝试一下给自己挠痒痒！

没有用，是不是？也就是说，自己挠痒痒不会觉得痒！这是因为你的大脑知道挠痒痒的人是你自己！

骨骼和关节

你的头骨是由脑颅和面颅构成的，总共有 29 块骨头，难怪你的脑袋跟石头一样硬！

头骨上只有一个关节：颞下颌关节。骨与骨之间连接可以活动的部位就是关节，比如当你弯曲胳膊或是攥紧拳头的时候，就需要用到关节。下颌处需要有一个关节才能让你张开嘴巴。

你的头骨通过脊柱跟身体其他部分连接在一起。脊柱中的神经又将大脑跟身体其他部分连接在一起。

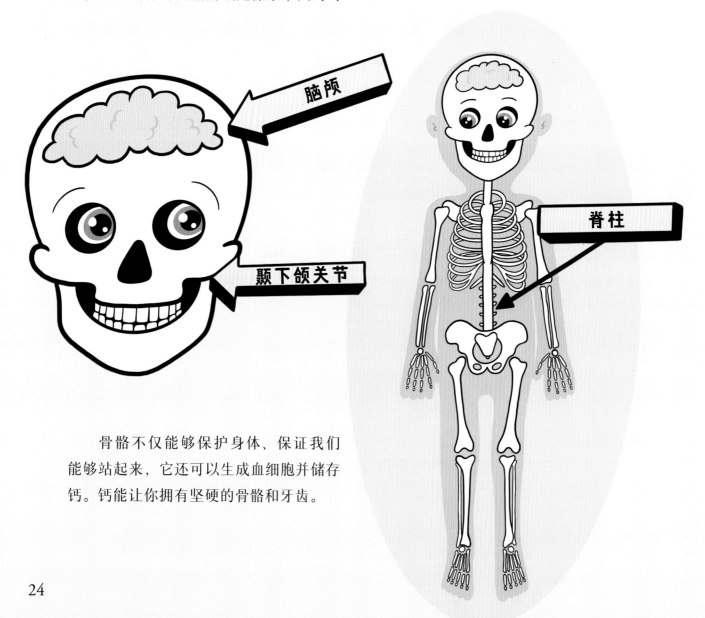

骨骼不仅能够保护身体、保证我们能够站起来，它还可以生成血细胞并储存钙。钙能让你拥有坚硬的骨骼和牙齿。

你知道有什么东西比你的骨骼还要硬吗？那就是你的牙釉质。牙齿其实并不是骨骼的一部分，虽然有很多人是这样认为的。

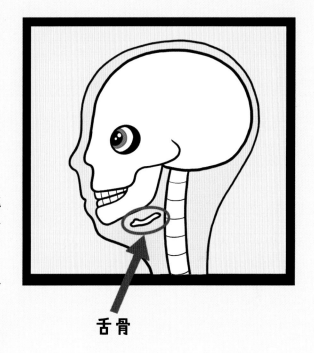

舌骨

你知道吗？

· 婴儿在刚出生时，身体里的骨头要比成年人多。随着婴儿年龄的增长，有些骨头会合并到一起。

· 舌骨是全身唯一一块不跟其他任何骨头相连的骨头。

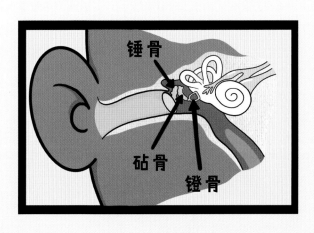

锤骨

砧骨

镫骨

· 锤骨、砧（zhēn）骨和镫（dèng）骨（它们全都长在中耳里）是人体最小的三块骨头。

肌肉

用左脚踢球!

肌肉遍布你的全身，身体的活动都是由肌肉负责的。有些肌肉是你自己可以控制的，有些则不能。比如血管里的肌肉你是无法控制的，但你可以决定手上的肌肉做什么动作。当你想要活动一块肌肉，比如踢球或是做蛙跳的时候，大脑会通过神经向你想使用的肌肉发送信号。

你以前知道吗？
你身体上有 600 多块
肌肉。

你的脸上有咀嚼肌和表情肌，从名字就可以听出咀嚼肌是用来咀嚼的，那表情肌呢？它们是用来改变你面部表情的。当你很开心时，你看起来是一种表情；当你感到害怕，那就是另外一种表情了。这些表情肌能让你根据自己的感觉来做出相应的面部表情。

舌头由八块肌肉组成，它们是全身上下最容易被你控制的肌肉。舌头的用处非常多：说话、咀嚼、吞咽时都会用到。试一下，你的舌头可以向各个方向运动！

甚至一些人还可以将舌头翻转，或是用舌头做出各种奇怪的造型。

你会什么舌技吗？

舌技

视觉

视觉，也就是眼睛所看到的东西。你的眼睛不光可以看见明亮的地方，在黑暗的环境下也能看到东西，但是在一片漆黑、没有光线的地方就看不见周围的东西。视觉还会生成记忆图像并将其储存在你的大脑里，它让你能够认出以前去过的地方，比如记得放学回家的路。

可是视觉是如何工作的呢？你有没有在镜子里看过自己的眼睛？这时你肯定会看到眼睛中央有一个黑色的、圆圆的东西吧？这就是瞳孔，它其实是一个洞！也许这听起来很可怕，不过它受到角膜的保护。瞳孔让光进入你的眼睛，它会根据光的明暗改变大小。在光线暗的时候，瞳孔会放大，从而允许更多的光线进入，这样你就能看得更清楚。

光穿过瞳孔后，首先会来到晶状体，然后到达视网膜，在那里生成你所看到的图像。此时这个图像是上下颠倒的！接下来图像会通过视觉神经继续传递到大脑，大脑再将它调转成正确的方向。

只要把图像颠倒一下就行了。哇，好可爱的猫！

你知道吗？
你出生时只能看见三种颜色：黑色、白色和灰色。不过短短一周之后，你就可以看见所有颜色了。当然，前提在你不是色盲的情况下，色盲只能看到某些特定的颜色。

眼睛

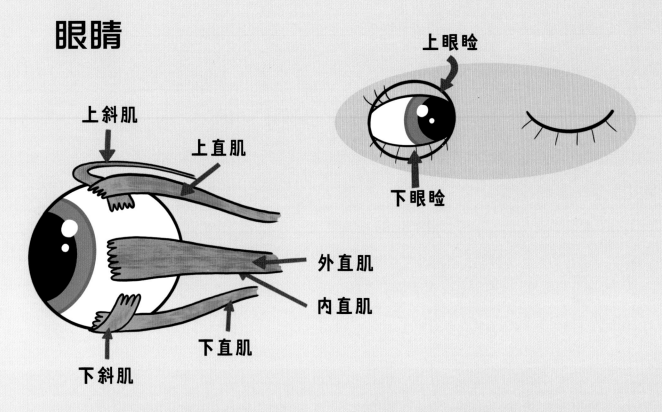

上斜肌

上直肌

外直肌

内直肌

下直肌

下斜肌

上眼睑

下眼睑

　　每只眼睛周围都有六块小肌肉，可以帮助你看向不同的方向。还有第七块肌肉，是用来提拉你的上眼睑的。

　　眼睑，一个在眼睛上方，一个在下方，是为了保护眼睛，抵御灰尘和异物的。它们还可以通过眨眼的方式，让眼睛不会过于干燥，因为眨眼时泪液会散布到整个眼睛上。你醒着的时候，每隔几秒钟都会自动眨一次眼睛。

　　当你睡觉时，眼睑是关闭着的，这样能够减弱光线的刺激。

你知道吗？
每年你眨眼的次数超过
400 万次。

瞳孔周围有虹膜，虹膜上有颜色，那就是你眼睛的颜色！

世界上最常见的眼睛颜色是棕色，全世界有超过一半的人拥有棕色的眼睛。

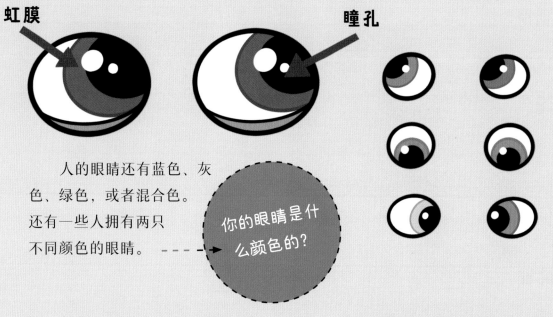

虹膜

瞳孔

人的眼睛还有蓝色、灰色、绿色，或者混合色。还有一些人拥有两只不同颜色的眼睛。

你的眼睛是什么颜色的？

尽管我们一直都在使用眼睛，但它们并不需要休息。不过当你坐在那里长时间保持相同的距离观看某样东西时，比如电视、电脑或手机，还是会感觉到眼睛疲劳，这是在提醒你用眼过度了。这时候，就可以把目光转移到别处，休息一会儿。

你知道吗？
眼部肌肉是全身运动速度最快的肌肉。

31

嗅觉

嗅觉感官位于鼻子。鼻子里有一种嗅觉神经，上面有大量嗅觉细胞。当你用鼻子吸气时，吸入的空气会穿过这些嗅觉细胞，这时嗅觉细胞会抓取空气中的气味信息，随后通过嗅觉神经将信号传递给大脑。由大脑决定这些气味是美妙的还是恶心的，并把结果告诉你。当你闻到食物发霉了，你的大脑会告诉你这食物的气味不好，这样你就不会去吃它们了。相反，如果你闻到的是冰激凌的气味，你的大脑肯定会说：吃一口！

然而，每个人喜欢的气味可能不太一样。一些你认为闻起来很香的东西，有的人可能会觉得恶心，反之亦然。

你觉得好闻的气味有哪些？

你知道吗?
在感冒的时候，我们可能会失去嗅觉，这是因为鼻子里的黏膜肿了，导致气味无法到达嗅觉细胞那里。当感冒康复了以后，我们又能闻到气味了。

鼻子

通过鼻子吸进来的空气无论是湿润度还是温度都是刚刚好的。如果是天气寒冷时在室外玩耍，你会发现通过鼻子吸入的空气要比通过嘴巴吸入的要暖和一些。所以，在寒冷的季节最好用鼻子来吸气。不过有时候鼻子却吸不了气！比如当你感冒时，鼻子里的黏膜肿了，又或者你对花粉或者毛皮动物过敏，都有可能引起鼻塞。

鼻子在各国语言中
不同的称呼

中文：鼻子
英语：nose
瑞典语：snok

遇到这么寒冷的天气，最好通过鼻子来呼吸。

不行啊！我感冒了。

鼻子里有很多浅表血管。如果它们破裂了，你就会流鼻血，比如感冒、空气干燥或是鼻子被打了一拳的时候。你流过鼻血吗？

34

鼻涕是鼻子里产生的黏液。鼻涕其实主要是由水构成的，它能帮助鼻子保持清洁。鼻涕可以收集灰尘、病毒和细菌，因此它们不会进入肺部。相反，如果你咽进肚子里，你每天大约会吞咽 200~300 毫升鼻涕。试着在一个杯子里量一下看看 200~300 毫升是多少！

啊嚏

在你感冒的时候，流的鼻涕会比平时多很多。想象一下，这时你吞下了多少鼻涕！当然，你也会擤掉一些，还有一部分会通过喷嚏打出来。你知道吗，喷嚏从你鼻子里喷出来的速度比一辆汽车的速度（167 千米 / 小时）还要快！好几万个极小的鼻涕沫和唾液沫会被喷射出来。如果你生病了，这些水珠里还会携带有病毒。也就是说你打喷嚏时可能会将感冒病毒传染给别人，所以打喷嚏时最好用纸巾、手帕捂住口鼻，或是用胳膊挡住。否则，你的喷嚏可以溅到好几米远的地方。

你知道吗？

人在睡眠的过程中是不可能打喷嚏的。当你睡觉的时候，控制打喷嚏的神经也睡着了。

味觉

味觉和嗅觉是密不可分的。其实味道不仅是通过嘴里的味觉，还会通过嗅觉来被我们感知。听起来很奇妙吧？下次吃饭时可以尝试把鼻子捂住，感受一下食物的味道有没有变化？

你舌头上的味蕾，不止一两个，而是一万个。每一个味蕾上都有大量的味觉细胞，它们会记录下你所吃的东西的味道，然后将这个信息传递给大脑。如果大脑得知你刚刚塞进嘴里的东西味道不好，它会让你立刻把它们吐出来的。

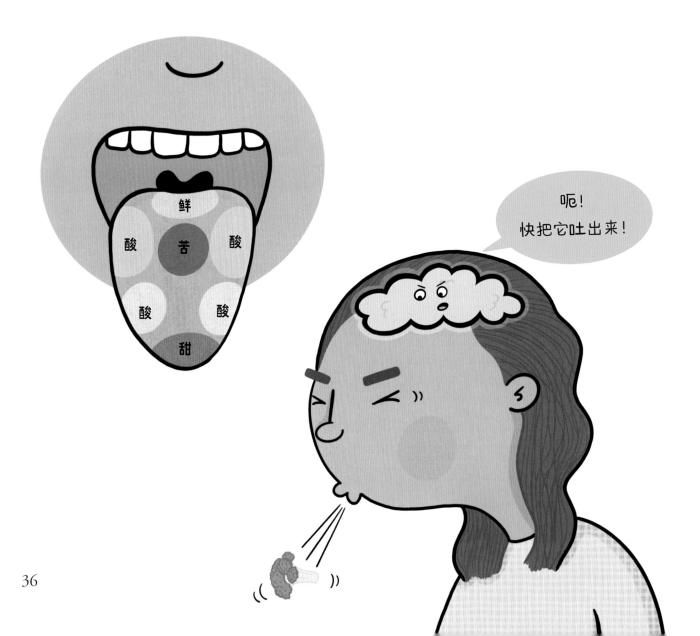

呃！
快把它吐出来！

食物的五种味道：

甜
小圆面包
饼干
糖果

酸
柠檬

咸
薯片
盐
咸味甘草糖

苦
咖啡
橄榄

鲜
番茄
怡尔玛奶酪
番茄酱
番茄酱

哪种味道是
你的最爱？

你舌头上的味蕾能感受到各种味道，你的口腔和咽喉里也有味蕾。当你把食物嚼碎时，不仅它们的味道被释放，气味也被释放出来了。就是在这个时候，你的嗅觉开始发挥作用。气味顺着你的呼吸道涌入鼻腔，然后到达嗅觉细胞。如果你感冒的话，你的嗅觉会变差，能感受到的味道也会变少。

嘴

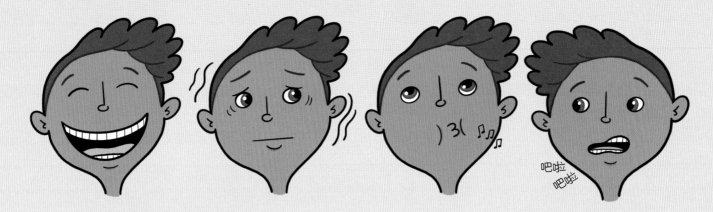

你有没有想过你的嘴巴都可以用来干什么？吃东西或喝饮料、说话、吹口哨、大笑、吐唾沫，还有呼吸。也可以从一个人的嘴巴看出他是高兴还是难过；如果他觉得冷的话，嘴唇还会变成青紫色！

当你吃东西时——比如吃一块饼干，你的嘴唇和面颊上的肌肉会帮助你咀嚼食物，舌头也在打下手。你咬下来的饼干会跟嘴里的唾液混合在一起。唾液——生成于唾液腺里，让你更容易把饼干嚼碎。唾液还可以保持口腔的湿润和牙齿的清洁。咀嚼完后，你会将饼干吞下——这时饼干沿着喉咙和食道一路落入胃中。如果你的味蕾觉得饼干很好吃的话，接下来你会再吃上一块。

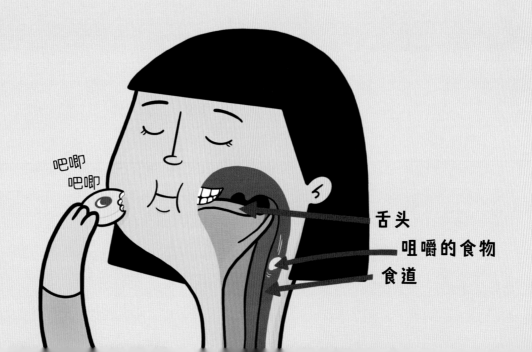

舌头
咀嚼的食物
食道

那么当你说话的时候，你会用到嘴巴的哪几个部位呢？试着把你的名字说上几遍，感受一下。当你说话时喉部的声带会产生声波。但是为了让声音——或者单词——能够从你的嘴里说出来，还需要用到舌头和嘴唇。当你说话、尖叫或是唱歌时，这些动作都是自然发生的。换句话说，这些都是你不用刻意去控制的事情。不过现在当你知道了这是怎么回事后，偶尔想一想是不是也很有趣？

我叫米尔顿。米尔顿。米尔顿。我说米尔顿——听起来是不是很奇怪？

不会啊。

喉

声带

牙齿

孩子有 20 颗牙齿，成年人有 28 颗或更多，因为可能还会有 4 颗智齿。如果所有智齿都长出来了（有时候它们待在牙床底下），成年人的牙齿可达 32 颗。不过智齿跟智慧可扯不上联系，所以它们就算没有长出来也没什么关系。

从外形上看，牙齿是由牙冠和牙根两部分组成。牙冠是在嘴里露出的部分，牙根长在颌骨上，它藏在牙床底下，所以我们看不见它。牙齿里面很柔软，还有一种叫牙髓的物质，牙髓里又有血管和神经。牙齿的外面超级坚硬，这是因为有牙釉质的保护。

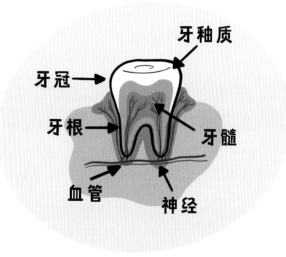

你知道吗？
有一些婴儿有刚出生时就带有牙齿。
小孩先长乳牙，几年后乳牙脱落，
然后会长出伴随你一生的恒牙。
你掉牙了吗？

你需要牙齿来咀嚼食物，所以让它们保持良好状态很重要。

有洞的牙齿叫龋齿，我们可不想有龋齿！唾液在某种程度上可以预防龋齿，但还必须通过刷牙来保持牙齿清洁，帮助预防龋齿！还要记住保持牙齿清洁。

你知道吗？
习惯用右手的人通常用嘴巴的右边咀嚼食物，而左撇子则更喜欢用嘴巴的左边咀嚼食物。

听觉

听觉感官让你可以听到各种各样的声音：大而高亢的声音，比如尖叫声；小而低沉的声音，比如窃窃私语或树叶沙沙作响的声音。你可以听到遥远的声音还可以听到很近的声音，不仅如此，你还可以感知声音是从哪里来的。

当你醒着的时候，你可以听到各种声音，但你知道吗？你睡着的时候也是可以听到声音的！在睡眠状态下你的大脑同样可以接收周围所有声音的信息，但是大脑会选择不去听它们，好让你安安稳稳睡觉。但如果周围发生非常响的声音，你还是会被吵醒的。

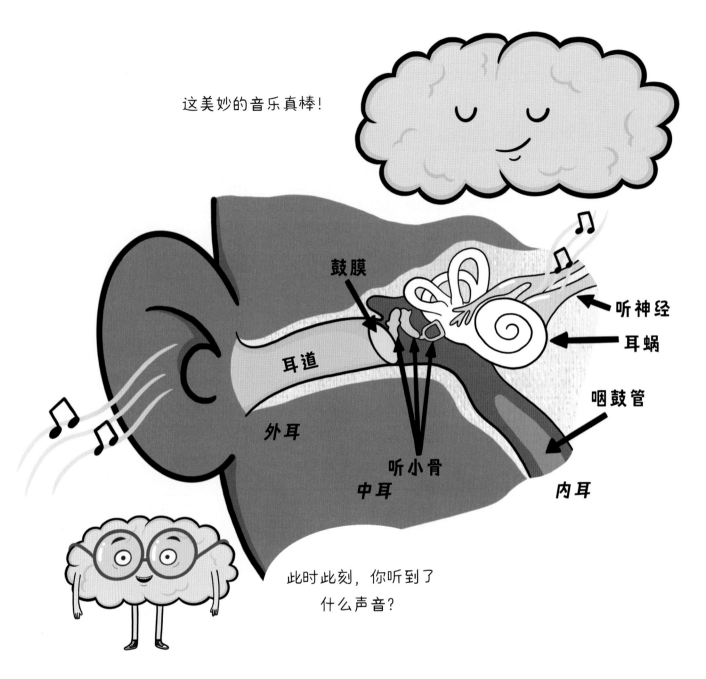

这美妙的音乐真棒！

鼓膜

听神经

耳蜗

耳道

咽鼓管

外耳

听小骨

中耳

内耳

此时此刻，你听到了
什么声音？

耳朵的三个部分——外耳、中耳和内耳，为了让你能够听到声音，它们一起协同工作。

当有人说话、唱歌或是有盘子掉到地板上时，都会产生声波。外耳将声波捕捉进来，将它们引入耳道送往鼓膜。当声波抵达鼓膜时，鼓膜会产生震动。这些震动被继续送往听小骨——锤骨、砧骨和镫骨，从那里进入内耳。内耳里有耳蜗，耳蜗带有大量毛细胞，它们通过听神经把声音继续送往大脑。

耳朵

声波最先到达耳朵的那部分叫作耳郭，它的形状和海螺很相似；耳朵里面又有耳蜗。这么看来耳朵带着点海洋主题，是巧合吗？还有人说，如果我们把一个海螺贴住耳朵仔细听，就可以听到大海的声音。实际上，你无须用海螺，用一只普通的杯子也可以听到同样的声音，因为此时你听到的声音并不是大海的声音，而是血液在耳朵的血管里流动产生的声音。快来试试看！

耳蜗中的毛细胞极为敏感，很容易受伤，而且这种损伤是不可逆的。正因如此，当你处于很嘈杂的环境当中时，保护好耳朵就尤为重要。毛细胞也会随着时间减少，所以老年人的听力常常会变差。

耳朵不像很多人以为的那样，会持续生长。事实上，在你十几岁时它们就停止生长了。不过随着年龄增长，耳朵还会下垂一些，所以耳朵会变大，但是它们不会继续生长。

触觉

触觉可以让你感受到冷暖、疼痛、压力、震动和触碰——就是有人碰了你一下，给了你一个拥抱或是把一只手搭在你肩上，你都能感受到。

你浑身都带有神经末梢的感受器，有的部位多一些，有的部位少一些。对触觉最敏感的部位是指尖，这意味着通过触摸你可以得到某样东西大量的触觉信息。然后，所有这些信息会被传送到你的大脑。

嘴唇和舌头上也有很多感受器，所以小孩子喜欢把东西都往嘴里塞，好研究它们的触感，感受它们是什么东西。

你感觉到了吗？
这是一个苹果。

那是石头，
可不能吃啊！

感受器除了疼痛以外，什么都能感觉到。而疼痛是由游离神经末梢来感觉的，它们将信息用极快的速度发送给大脑。比如你把手放在一个很烫的东西上，你的大脑会飞快地把手缩回来。游离神经末梢存在于皮肤、肌肉、肌腱和关节中，心脏、肠和肺中也有，它们存在于那些你能够感受到疼痛的地方。

你的体内也有感受器，比如它们感受到你的胃满了，就会把这个信息发送给你的大脑，告诉你不要再吃东西了。如果膀胱满了，感受器会将信息发送给大脑，告诉你需要去解小便了。

大脑中，接受所有这些来自感受器的信息的区域叫作感觉中枢。

皮肤

你全身都覆盖着皮肤，皮肤的任务是保护身体，保持体温。

皮肤有三层：表皮层、真皮层和皮下组织。

表皮

表皮上有防止太阳对人体皮肤形成伤害的色素细胞。

真皮

真皮层分布着大量血管，它们帮助身体维持合适的温度。天冷时血管会收缩，这时皮肤的血流会减少，身体会保留更多热量。反之，天热的时候血管会膨胀，这时皮肤血流增加，将更多热量带离。

皮下组织

皮下组织有脂肪细胞，能抵御碰撞和寒冷。

皮肤不仅可以保护身体免受光线的伤害，它还能用太阳光生成维生素 D。维生素 D 对骨骼和牙齿很重要。

不同部位的皮肤厚度也不同，脚底和手掌的皮肤是最厚的，眼睑的皮肤是最薄的。

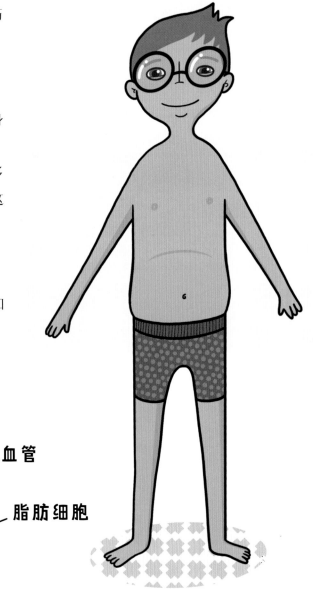

上皮

真皮

皮下组织

血管

脂肪细胞

婴儿的皮肤

青少年的皮肤

老年人的皮肤

皮肤状态会随着年龄而改变。婴儿的皮肤很柔弱，容易发干和发炎；十几岁的人容易长黑头和青春痘。随着年龄增长，皮肤会越来越薄、越来越没有弹性，保持水分的能力会越来越差。这意味着什么呢？对，这意味着皮肤会变皱！

皮肤上有毛囊，你脸部的毛囊里住着微小的螨虫。它们小到你用肉眼看不见，甚至它们一直在你的毛囊里活动你也感觉不到。但是它们一直在活动，对它们而言，你毛囊里的皮脂美味极了。

好好吃的皮脂！

你知道吗？
皮肤的重量可不小呢，大约占你体重的六分之一！

49

毛发

你头上的毛发可能要比你脸上的多。不过人的整张脸，除了嘴唇，其实都覆盖着细小的毛发。在眼睛周围长着比较长的毛发：睫毛和眉毛。它们都有保护功能，睫毛让你眼里不会进入脏东西，眉毛能阻挡额头上的汗水流到眼睛里。

头上的毛发可以为头部防晒，在外面有点冷的时候还能保持头部温暖。

不过天气非常冷的时候，你还是需要一顶帽子！

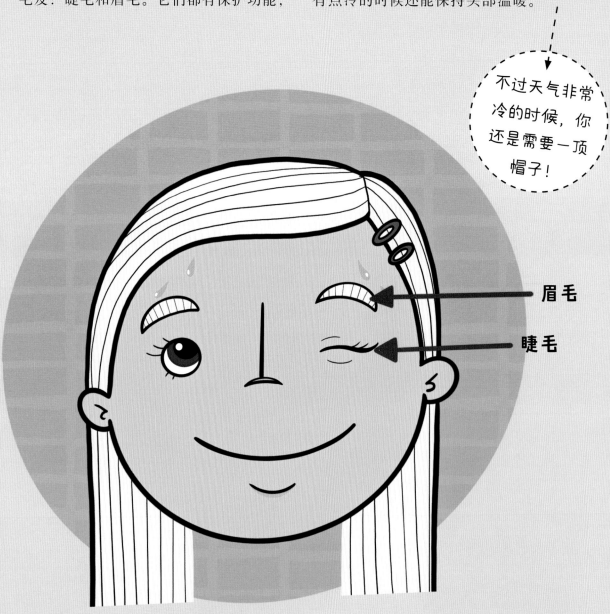

眉毛

睫毛

救命！我掉头发了！

没关系，会长出新的头发来的。

你的头上大约有 100000 根头发。如果你的发色是金色的，头发数量会略多一点；如果是红色的，发量会略少一点。每天你会掉大约 100 根头发。不过没关系，它们还会重新长出来。

头发长啊长啊，在很长一段时间里不断生长，然后它们会休息一会儿，停止生长，最后会掉落。这时，将会有一根新的头发从旧的那根头发的根部生长出来。

世界上最常见的发色是黑色，最不常见的是红色。

你的头发是什么颜色？

我拥有最不寻常的发色！

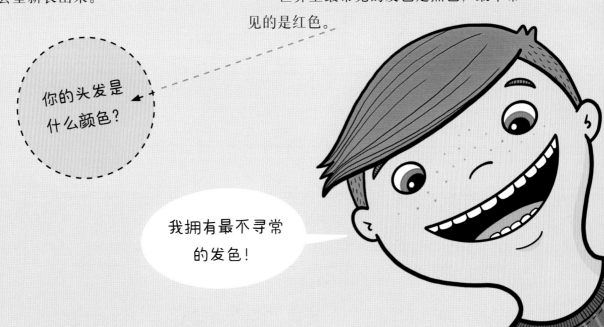

有趣的发型

虽然头发最重要的任务是阻挡太阳光，但我们还是可以趁机用头发打造出各种好玩的发型。哪种发型是你的最爱？

鼻毛/耳毛

你知道你的鼻子和耳朵里也有毛发吗？每个人都会有鼻毛和耳毛，你要为此庆幸，因为鼻毛和耳毛有非常重要的任务！

在你呼吸时，鼻毛能帮你阻挡那些脏东西，比如灰尘、病毒这样细小的颗粒，不让它们通过鼻腔进入你的身体。鼻毛顾及不到的东西，由鼻涕来解决。那些粘在鼻涕上的小颗粒，不是在打喷嚏时从鼻子里飞出去，就是吞咽时进到了胃里。总之，比让这些脏东西进到肺里要好。

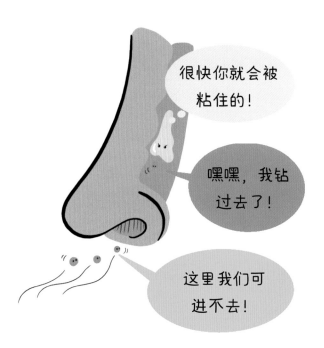

你的鼻子越大，鼻毛就越多，这意味着要阻挡那些想要侵入体内的细菌和病毒就更容易，因此你就更不容易生病。

当你呼气时，湿润的空气会聚集在鼻毛上，这样你的鼻腔内就不会太干，你吸进来的空气在抵达肺部时也能够保持湿润。

你知道吗？

鼻毛其实不是静止的，它们始终在轻微地活动。它们正是用这种方式来帮助鼻子保持清洁和湿润。

耳毛保护耳道免受脏东西和灰尘侵扰。如果有什么东西成功潜入，耳道里还会有耳蜡来将它们粘住，确保它们不会进到耳朵里面。

有些人的耳朵上也有毛，耳垂和上面的位置都会长。这里的毛没有特殊用处。这些毛发们可能会长得非常长，最长的世界纪录是 25 厘米！

拿出一根直尺或软尺，你就知道 25 厘米有多长了！

现在你了解了大脑以及知道它是如何控制你的全身了。你所学到的这一切，至少其中的一部分知识，此刻已经储存在你的大脑中了。更准确地说，已经储存在你的记忆里了。

怎么？你说你已经忘了读过的内容？你知道吗，大脑和记忆其实是可以锻炼的，锻炼可以让你的记忆力变得更好。如果你记不起这本书里的内容了，也许说明你正需要这样的锻炼！

看到这些图片的时候，有想起什么吗？